科普小天地

科學超有趣

人體

洋洋兔 編繪

前 言

暢遊人體世界
了解自己的身體

　　小朋友，你是不是經常會產生疑惑：為甚麼人會感冒、會發燒？為甚麼頭髮和指甲剪短了又會長長？飯吃得太多為甚麼會打嗝？這些問題看起來很平常，但要弄清楚答案，首先就要弄清楚人體的各個結構和功能，了解自己的身體。

　　《科學超有趣：人體》就是一本能夠讓你了解自己身體的漫畫書，看過之後你會發現自己的身體原來如此繁忙。**你會欽佩白細胞的勇者無畏、會驚嘆小心臟的力大無窮、會羨慕大腦的忙而不亂……**

這本書還揭示了一些基本的心理學知識，小朋友，你不僅可以了解自己身體的基本構造，而且會對心理活動也有一個大概的認識。

　　對於人而言，先要了解「人體」，只有對自己發生興趣，以後才有深入了解的基礎及能力。從讀這本書開始，了解自己的身體，對自己發生興趣吧！

目錄

人體大冒險

人體結構

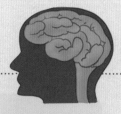

● 神經系統

神經系統主要用來協調
各器官、各系統的活動。

● 循環系統

循環系統是體內的運輸
系統，負責將營養物質
和氧輸送到各組織器官。

● 內分泌系統

內分泌腺對人體的生長、發育、
代謝和生殖起着調節作用。

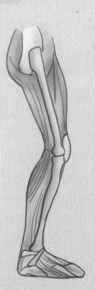

● 運動系統

運動系統由骨、關
節和骨骼肌組成。

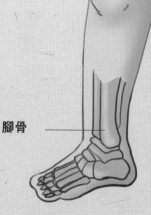

大腦

甲狀腺

肝臟

小腸

膀胱

腳骨

頭髮

耳朵

肺

心臟

胃

大腸

手骨

● 呼吸系統

呼吸系統包括呼吸道（鼻腔、咽、喉、氣管、支氣管）和肺。

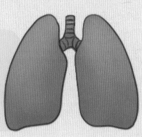

● 消化系統

消化系統由消化道和消化腺組成，負責食物的攝取和消化。

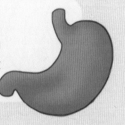

● 泌尿系統

泌尿系統由腎、輸尿管、膀胱及尿道組成，主要用來排洩。

● 生殖系統

生殖系統主要用來製造生殖細胞，繁殖新個體和分泌性激素。

人物介紹

小野人

男生，從原始森林裏來，力氣巨大，語言簡短，不會很複雜的表達，對現代生活充滿了好奇，不過也鬧了許多笑話，酷愛打獵，甚麼都想獵取。

都市女生 TT

愛美，愛炫耀，聰明女生，在與小野人接觸的過程中，教會小野人許多城市生活的知識。

寵物熊貓黑眼圈

愛吃爆谷，無所不知，卻又喜歡裝傻，睡覺是他一生的樂趣。

人體大冒險

　　人體內部世界看不見，摸不着，而且結構也很複雜，那麼，我們該怎樣去了解呢？

　　小野人和他的夥伴們通過聲光效果的現代儀器進入微觀世界，引領我們在驚險刺激的人體大冒險中，逐步認識那些企圖入侵人體的外界敵人和默默為人類生存做貢獻的神秘力量！

勤奮的 紅細胞

科技
會展

真熱鬧呀！

這是甚麼？

細胞大冒險

本館採用最新的虛擬現實科技，完全真實摸擬人體內部的微觀結構。參觀者可通過終端機，以一個細胞的視角身臨其境地進行遊覽。

這個好像挺有趣！

我們進去吧！

入口真的很有特色啊！

冒險裝備

還沒有人呢，感覺有些可怕啊！

沒事啦！我保護你，快開始吧！

這是哪兒？

……

哇！

我們忙着呢！你別擋路。

讓讓，請讓讓……

這麼多人，從哪兒冒出來的？！

它們是紅細胞，是人體內的運輸隊。我們還是讓開吧，別影響人家工作。

黑眼圈，你也來了啊！

我們這是在哪裏？

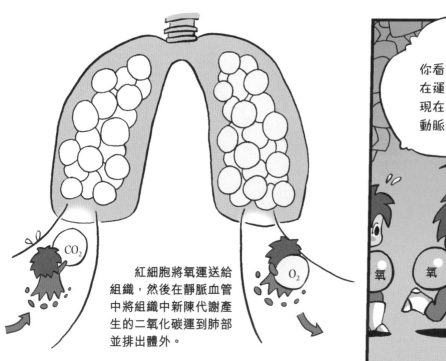

你看，它們現在都在運送氧呢。我們現在應該在人體的動脈血管裏。

CO_2

O_2

紅細胞將氧運送給組織，然後在靜脈血管中將組織中新陳代謝產生的二氧化碳運到肺部並排出體外。

氧

氧

氧

氧

氧是人體進行新陳代謝的關鍵物質。紅細胞攜帶着氧向人體全身輸入能源，支持人體機能正常運行。

你知道的真多。

哼哼，那當然。

人體大冒險指南

氧

自信

既然這麼重要，它們為甚麼一次不多拿兩個呢？看我的！

啊，好重……

氧 氧
氧 氧

哈！

人體 有哪些奧秘？

人體是一個複雜而完整的系統。那麼，人體的基本結構是甚麼？人體如何進行呼吸？人體有哪些化學成份？人體的血液有多少？

小貼士：人體中有許多奇妙的秘密等待我們去破解！

 奇妙的人體· 人體的基本結構

一般來說，人體最基本的結構主要包括頭部、五官（眼、耳、鼻、口、舌）、四肢（雙手、雙腳）和軀體。

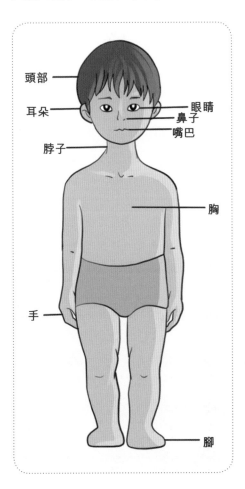

頭部
耳朵
眼睛
鼻子
嘴巴
脖子
胸
手
腳

🔍 人體的構造

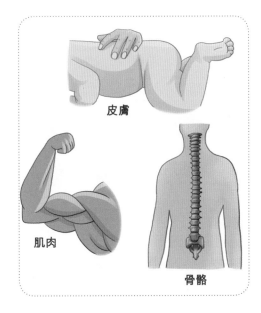

皮膚

肌肉

骨骼

人體的表面是皮膚，它覆蓋在人體的表面，保護人體內部的器官不受外界因素影響。

皮膚的下面是肌肉和骨骼。人體共有約 650 塊肌肉，佔將近人體一半的重量。成年人的骨骼由 206 塊不同的骨頭組成，它們是人體的「支架」，為其他器官提供支撐。

人體的呼吸

　　呼吸是維持生命的重要生理功能之一。人體的呼吸主要由呼吸系統來完成，呼吸系統主要包括鼻腔、氣管、肺、心臟。借助呼吸系統進行氣體交換，可使人體獲得新鮮的氧氣。

人體的化學成份

　　水在人體重量中佔較大比重。一個體重 70 千克的成年人，脫水後只剩 25 千克，其中碳水化合物 3 千克，脂肪 7 千克，蛋白質 12 千克，礦鹽 3 千克。

脫水前，70 千克　　脫水後，25 千克

人體的血液

　　人體總血量約佔體重的 8%。若一次失血超過人體內血量的 20%，生命活動便會受阻。健康的人，一次失血不超過 10% 時，一般可以迅速恢復。

失血 20%，人就可能暈倒。

人的皮膚為甚麼會衰老

　　人的皮膚，一般在 25 歲左右開始老化。因為隨着膠原蛋白（充當構建皮膚的支柱）生成速度的減緩，能夠讓皮膚迅速彈回去的彈性蛋白彈性減少，甚至發生斷裂，所以皮膚在人 25 歲左右開始自然衰老。女性在這一點上尤為明顯。死皮細胞不會很快脫落，生成的新皮細胞的量可能會略微減少，從而帶來細紋和褶皺的皮膚。

勇敢的白細胞衛士

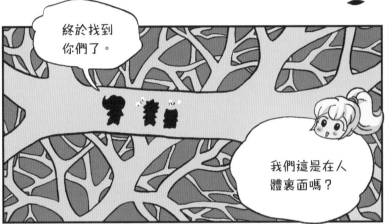

終於找到你們了。

我們這是在人體裏面嗎？

哼哼哼！

噗！

氧

這是甚麼怪物啊！

好！白細胞衛士團來了！它們通常被稱為免疫細胞，是機體對抗入侵病菌的最重要的防衛系統！白細胞具有變形運動和吞噬活動的能力，能吞噬侵入的細菌、病毒、寄生蟲等病原體和一些壞死的組織碎片！

那是巨噬細胞！

巨噬細胞

巨噬細胞是白細胞中個頭最大的細胞，它們的吞噬對象主要是進入細胞內的致病物，如病毒、瘧原蟲和細菌等。

瘧原蟲

病毒　　細菌

除此以外，巨噬細胞還具有識別和殺傷腫瘤細胞、清除衰老細胞的作用。

衛士們，我也來幫忙！

勝利嘍！

體循環列車

黑眼圈，你怎麼知道這裏有火車啊？

毛⋯⋯水管？

437-1

我們到毛細血管了！這裏經常會有血液列車經過的。

毛細血管是極細微的血管，遍佈全身。它的通透性大，用於血液與組織之間進行物質交換，供給組織營養。

像鐵路一樣四通八達吧？

列車抵達4號站！卸貨！卸貨！

嘩啦！

發現可疑物！

丟棄！

廢棄物

他們通過毛細血管把新鮮的氧氣和養料送給細胞，運走細胞排出的二氧化碳和廢棄物。人體的新陳代謝主要是由血液運輸完成的。

列車即將啓程！廢品裝車！廢品裝車！

他們在忙甚麼？

……

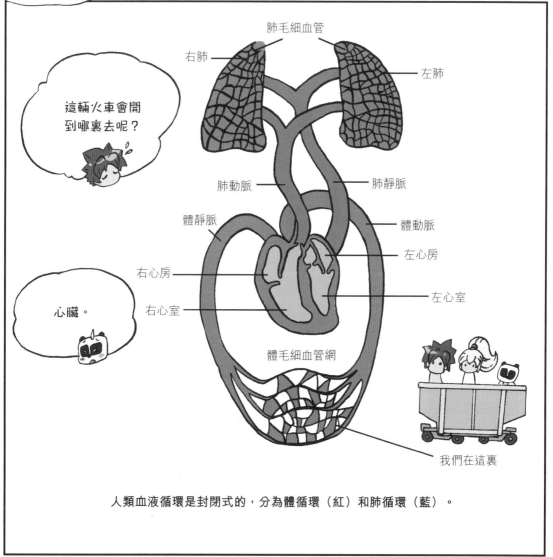

肺毛細血管

右肺

左肺

肺動脈

肺靜脈

體靜脈

體動脈

左心房

右心房

左心室

右心室

這輛火車會開到哪裏去呢？

心臟。

體毛細血管網

我們在這裏

人類血液循環是封閉式的，分為體循環（紅）和肺循環（藍）。

在人的肺循環中流動的血液，把從人體內收集的二氧化碳運送到肺，通過肺排出體外，同時從肺取得氧，送往心臟。

CO_2

O_2

人體冒險指南

氧、營養

當血液流出心臟時，它通過體循環把氧和營養輸送到全身各處。

當血液流回心臟後，它又將機體產生的二氧化碳通過肺循環輸送到呼吸器官（肺），並排出體外。廢棄物則通過腎臟等器官排出體外。

CO_2

血液　　廢棄物

8%

正常成年人的血液總量大約相當於體重的8%。

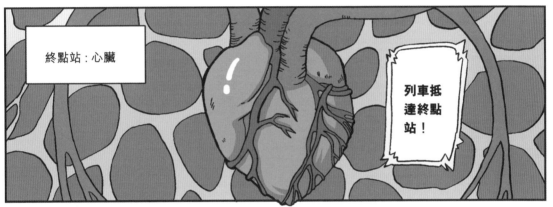

血液是 如何循環的？

　　血液循環是一個貫穿人體的完整循環過程。那麼，血液循環的過程是甚麼樣的？甚麼是體循環和肺循環？血液為甚麼需要循環？

小貼士： 動物在進化過程中，血液循環的形式是多樣的。

血液循環的過程

　　心血管系統（包括動脈、靜脈和毛細血管）是一個完整的封閉的循環管道，它以心臟為中心，通過血管與全身各器官、組織相連，血液在其中循環流動。心臟是一個中空的肌性器官，它不停地有規律地收縮和舒張，不斷地吸入和輸出血液，保證血液沿着血管朝一個方向不斷地向前流動。

　　動脈自心臟發出，經反覆分支，血管口徑逐步變小，數目逐漸增多，最後分佈到全身各部組織內，成為毛細血管。毛細血管呈網狀，血液與組織間的物質交換就在這裏進行。毛細血管逐漸匯合成為靜脈，小靜脈匯合成大靜脈，最後返回心臟，完成血液循環。

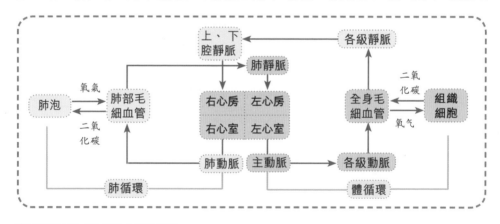

血液循環的分類

　　人類血液循環是封閉式的，根據血液循環途徑，可以分為體循環和肺循環兩種。

　　血液循環是英國科學家哈維根據大量的實驗、觀察和邏輯推理，於 1628 年提出的科學概念。然而限於當時的條件，他並不完全了解血液是如何由動脈流向靜脈的。1661 年意大利馬爾庇基在顯微鏡下發現了動、靜脈之間的毛細血管，從而完全證明了哈維的正確推斷。

肺循環

流回右心房的血液，經右心室輸入肺動脈，流經肺部的毛細血管網，再由肺靜脈流回左心房，這一循環途徑稱為肺循環。

肺循環的特點是路程短，只通過肺，主要功能是完成氣體交換，所以又叫小循環。

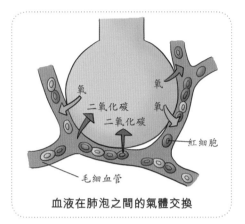

血液在肺泡之間的氣體交換

體循環

體循環途經路徑長、範圍廣，所以又叫大循環。

體循環以動脈血滋養全身各部，並將其代謝產物經靜脈運送到各排洩器官。

經過體循環，組織細胞和毛細血管發生物質交換後，顏色鮮紅、含氧豐富的動脈血變成顏色暗紅、含氧稀少的靜脈血。

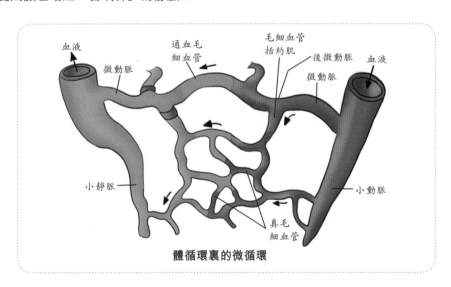

體循環裏的微循環

血液為甚麼需要循環

在人的體內循環流動的血液，可以把營養物質輸送到全身各處，並將人體內的廢物收集起來，排出體外。

當血液流出心臟時，它把養料和氧氣輸送到全身各處；當血液流回心臟時，它又將機體產生的二氧化碳和其他廢物，輸送到排洩器官，排出體外。

心臟火車站

這裏工作繁忙。

但管理得井井有條。

他們是怎麼做到的？

這麼多貨物，不怕送錯嗎？

在相鄰的候車室之間，以及候車室與站台之間有一種叫作瓣膜的門，只允許血液往一個方向走，這樣方向就不會錯了。

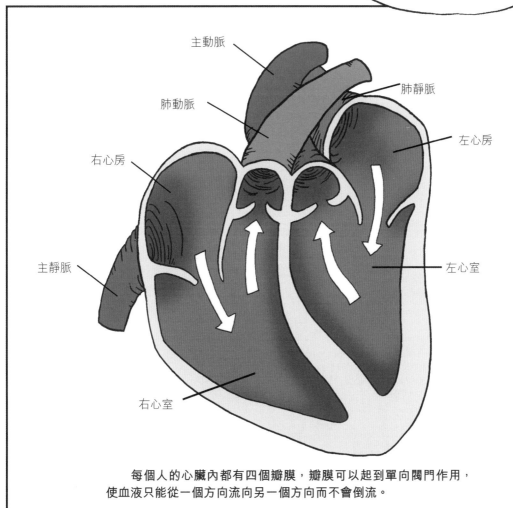

主動脈

肺動脈

肺靜脈

左心房

右心房

主靜脈

左心室

右心室

每個人的心臟內都有四個瓣膜，瓣膜可以起到單向閥門作用，
使血液只能從一個方向流向另一個方向而不會倒流。

1、2、3、4，心臟裏面分四個候車室呢！

右心房　左心房
右心室　左心室

兩個心室樓是始發候車室，兩個心房樓是終點候車室。

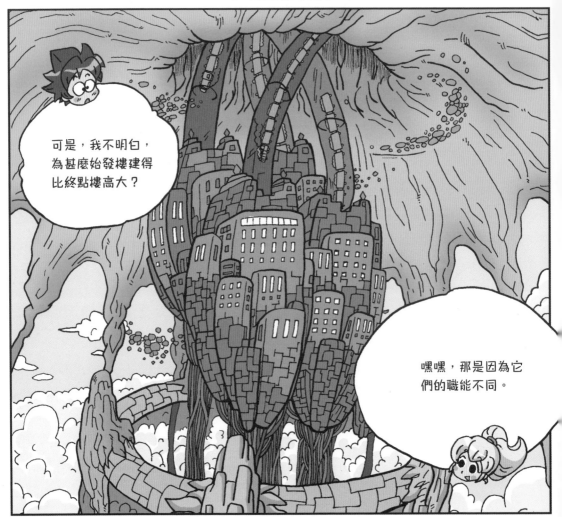

可是，我不明白，為甚麼始發樓建得比終點樓高大？

嘿嘿，那是因為它們的職能不同。

血液循環圖

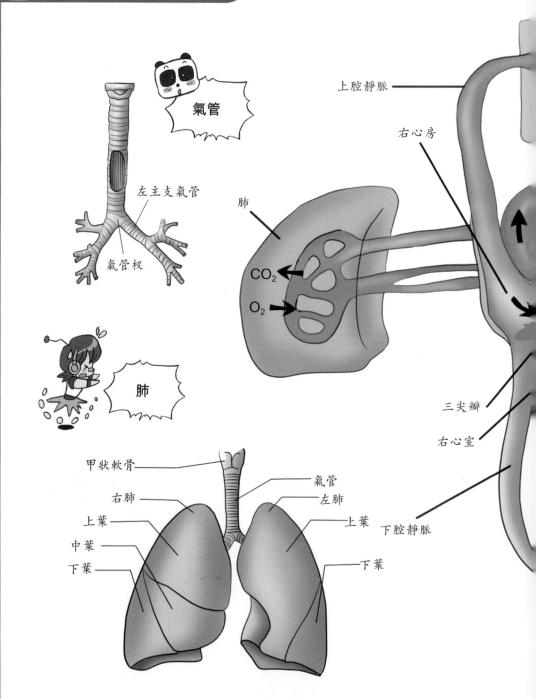

氣管

左主支氣管

氣管杈

肺

CO$_2$

O$_2$

上腔靜脈

右心房

肺

三尖瓣

右心室

下腔靜脈

甲狀軟骨

氣管

右肺

左肺

上葉

上葉

中葉

下葉

下葉

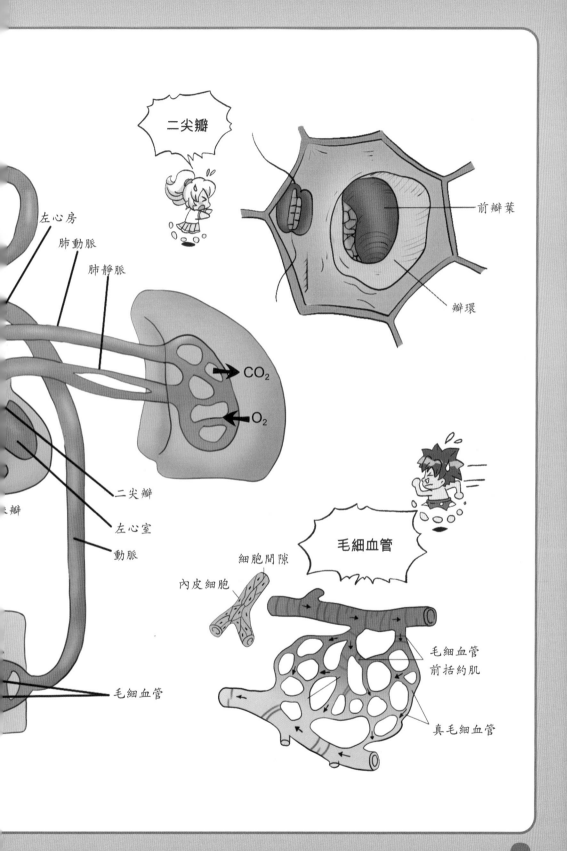

二尖瓣

前瓣葉

瓣環

左心房

肺動脈

肺靜脈

CO_2

O_2

二尖瓣

左心室

動脈

細胞間隙

內皮細胞

毛細血管

毛細血管

毛細血管前括約肌

真毛細血管

肺中的風暴

嗚——

快，火車要出發了！

肺泡？

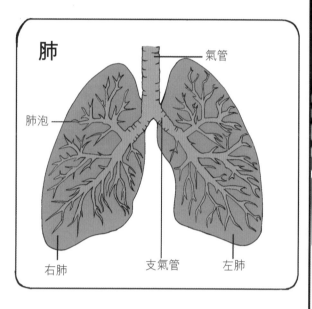

肺

氣管

肺泡

右肺　　　支氣管　　　左肺

紅細胞

肺泡

氧　氧

氧　氧

別看肺泡個頭小，人體要進行氣體交換可全靠它們哦！我們吸入的空氣通過肺泡向血液擴散，他們用手中的「毛刷子」進行一層一層的「淨化」工作，使空氣中的有害物質排出肺部，從而使氧氣更加純淨。

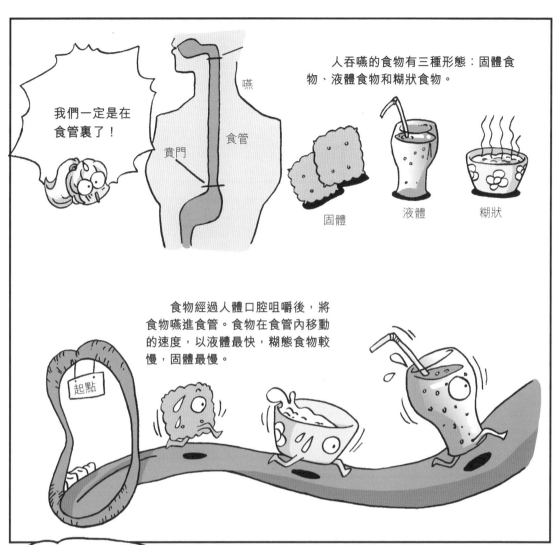

人吞嚥的食物有三種形態：固體食物、液體食物和糊狀食物。

我們一定是在食管裏了！

嚥

食管

賁門

固體　液體　糊狀

食物經過人體口腔咀嚼後，將食物嚥進食管。食物在食管內移動的速度，以液體最快，糊態食物較慢，固體最慢。

起點

我們運氣還不錯，剛才碰到的是固體食物。

如果我們碰到液體的呢？

……

那我們就準備游出去吧……

貪吃的胃蛋白酶

誰家的醋罈子打翻了啊，怎麼這麼大味道？

這是胃液。我們來到胃裏了。

咦！甚麼東西冒出來了？

咕嘟！

咕嘟！

一群小白魚，好可愛！

哎呀……哎呀……哎呀……

吃得好快……

哎呀……哎呀……

！

它們不會想吃我們吧？

不好說……

哎呀！

快！快上岸！

這些胃蛋白酶太厲害了！

？

酶是指由生物體內活細胞產生的一種生物催化劑，能促進生物體的新陳代謝。

胃酸　蛋白質　消化酶

胃蛋白酶是消化酶的一種。胃液中的鹽酸能激活它們，加速消化食物中的蛋白質。

吼！

哇！小魚變黑了。

胃酸分泌過多，激活了太多的胃蛋白酶。這樣下去，會破壞胃壁的，這可怎麼辦？

48

氧、鈣、鈉……
酸多了的話……
怎麼辦？！
有了！
看法寶！
嘩啦！
黑眼圈，你扔甚麼下去了？
蘇打餅乾中含的碳酸氫鈉能和胃液中的胃酸發生化學反應，中和掉過多的胃酸。
沒有胃酸，胃蛋白酶就不會兇了！
聰明！

好熱啊!這裏怎麼突然變得這麼熱了?

突然變熱可不是甚麼好現象。

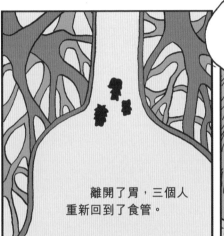

離開了胃,三個人重新回到了食管。

難道是人體發燒了?

奇怪,可惡的病毒不是被我們消滅了嗎?

別拉人家的天線呀，隊長！

她是我們的偵察兵樹突狀細胞，專門負責收集病毒的信息。

！

你們快走吧，我們來拖住病毒軍團！

身高，體重，三圍

饒命呀！

樹突狀細胞是一種抗原提示細胞，一旦發現有病毒侵入，即分解為抗原分子。

顯微鏡下的樹突狀細胞

樹，你帶我們去哪啊？

就是這裏了！

免疫系統大反擊

感冒病毒又分散逃跑。我們沒辦法全部殲滅它們啊！

如果它們又偷襲細胞工廠，那就不好辦了！

交給我的搭檔 B 細胞好了！

59

B細胞是一種淋巴細胞，可以分裂出上百萬個蛋白質抗體攻擊新生的病毒，鎖住病毒的尖刺，使病毒受抑制而死亡。

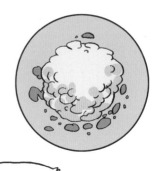

抗體在接觸病毒後，能將入侵者的樣子記憶下來，以便下次同樣的入侵者來犯時及時消滅它們。

T細胞摧毀細胞病毒工廠，讓病毒無處藏身，加上B細胞發出抗體炮彈消滅逃離的病毒，這群入侵者完蛋了！

小意思！

還差一點，我還有最後一個任務……

T細胞！他怎麼碎了？

他化成了無數的記憶細胞，這些記憶細胞將在我們周圍日夜巡邏，如果病毒再次入侵，馬上就會被發現並消滅！

他的自我犧牲精神，真是太偉大了……

能自我修復的骨骼

這裏好奇怪啊！

小野人，等等我！

啊！

別搗亂了你！

這個小山怎麼是白色的？連根草都沒長。

哎？

啊，這個應該是人體的骨骼了。它起着支撐身體的作用。

骨骼並不是很硬，它是由蜂巢狀的拱形結構組成。

鋼

花崗岩

人骨的拱形結構能夠承擔的壓力是花崗岩的 2 倍，而重量卻只有鋼的五分之一。

這就是骨折了！

人體如果受到巨大的衝力，為了保護其他部位，會以折斷骨骼的方式來抵銷衝力。

咔嚓！

咔嚓！

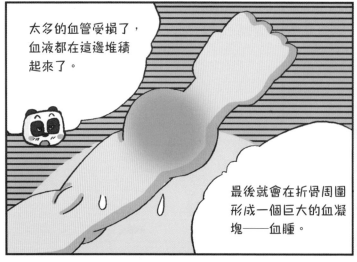

太多的血管受損了，血液都在這邊堆積起來了。

最後就會在折骨周圍形成一個巨大的血凝塊——血腫。

啊！那可怎麼辦？我來把這個血塊弄散吧。

別着急，神奇的魔法師們來了。

她是造骨細胞，是骨骼中的魔法師。她可以形成新的骨骼。這是自然界的奇蹟——自我修復。

造骨細胞又稱成骨細胞，是形成骨的主要功能細胞，負責骨基質的合成、分泌和礦化。

破骨細胞來了。

啊，它們在破壞骨頭！

……

不是這樣的！

破骨細胞也是骨細胞的一種，能將陳舊的骨腐蝕並分解成礦物元素，留出位置交給造骨細胞發揮，促使骨骼不斷更新。

當人體骨折後，造骨細胞就會修復骨骼，但會出現修復過度的現象。

這時，破骨細胞會對修復過的骨骼進行「加工」，融化掉修復過度的部份，直到骨骼變得和原來一模一樣。

讓我們跟着進去看看吧！

人體骨骼 有甚麼結構？

人體的骨骼起着支撐身體的作用，是人體運動系統的一部份。骨骼有甚麼結構？骨骼的分類有哪些？骨骼的功能和成份是甚麼？骨骼的數量是多少？

小貼士： 骨與骨之間一般用關節和韌帶連接起來。

人體的骨骼· 骨骼的結構

人體的骨骼主要由骨質、骨髓和骨膜三部份構成，裏面含有豐富的血管和神經組織。兒童骨髓腔內的骨髓是紅色的，有造血功能。但隨着年齡的增長，其逐漸失去造血功能，但長骨兩端和扁骨的骨鬆質內，終生保持着具有造血功能的紅骨髓。

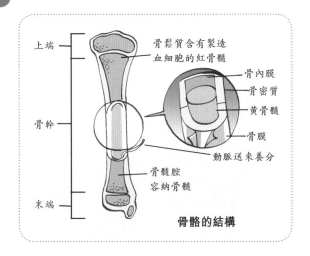

骨骼的結構

骨骼的分類

人類的骨骼主要分為長骨、短骨、扁平骨、不規則骨等。

長骨的大部份由致密骨組成，大部份的四肢骨都是長骨；短骨呈立方狀，構成腕關節和踝關節；扁平骨薄而彎曲，頭骨和胸骨是扁平骨；不規則骨是形狀複雜的骨骼，脊椎骨和髖骨是不規則骨。

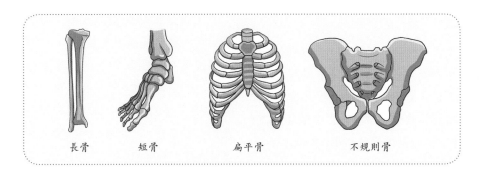

長骨　　　　短骨　　　　　扁平骨　　　　　不規則骨

骨骼的功能

骨骼產生並傳遞力量，使身體運動。

骨骼能保護內部器官。

骨骼的骨髓能夠製造血細胞。

骨骼貯存身體重要的礦物質。

骨骼構成骨架，維持身體姿勢。

兒童骨骼的有機物含量大於無機物含量，故柔韌度比較高。

老年人骨骼的無機物含量大於有機物含量，故骨的硬度比較高，容易折斷。

骨骼的成份

骨是由有機物和無機物組成的，有機物主要是蛋白質，使骨具有一定的韌度，而無機物主要是鈣質和磷質使骨具有一定的硬度。人在不同年齡，骨的有機物與無機物的比例也不同。

骨骼趣談

骨骼的數量

成人共有 206 塊骨頭，分為頭顱骨、軀幹骨、上肢骨、下肢骨四部份。但兒童的骨頭比大人多。因為兒童的骶骨有 5 塊，長大後就合為 1 塊了。兒童的尾骨有 4～5 塊，長大後也合成 1 塊。

人體最長的骨頭是股骨，即大腿骨，它通常佔人體高度的 27% 左右，有記錄的最長腿骨為 75.9 厘米。而耳朵裏的鐙骨是人體內最小的骨頭，它只有 0.25 至 0.43 厘米。成年人骨骼的重量約為體重的 1/5，剛出生的嬰兒骨骼重量大約只有體重的 1/7。

緊急！
病毒入侵脊髓

咦，這裏怎麼有一列火車？

孩子們，你們已經到脊髓了。這火車可是人體內最高速的脊髓動車組哦！

老爺爺，您是誰呀？

呵呵，我是造血幹細胞。

人體所需要的各種細胞，都是由我們造血幹細胞分化而成。

通過脊髓動車的信息收集，我們按需要對分化速度進行統一調配。

我們路上碰到的紅細胞、白細胞和血小板，都是您的兒孫了？

呵呵，不錯。

我也被稱為細胞之母，不僅可以分化為血細胞等細胞，還可跨系統分化為各種組織器官的細胞。

真快呀！

脊髓專門負責在大腦和身體各部份之間傳遞信息。

人體的疼痛、溫度等感覺都是通過它傳達給大腦的。

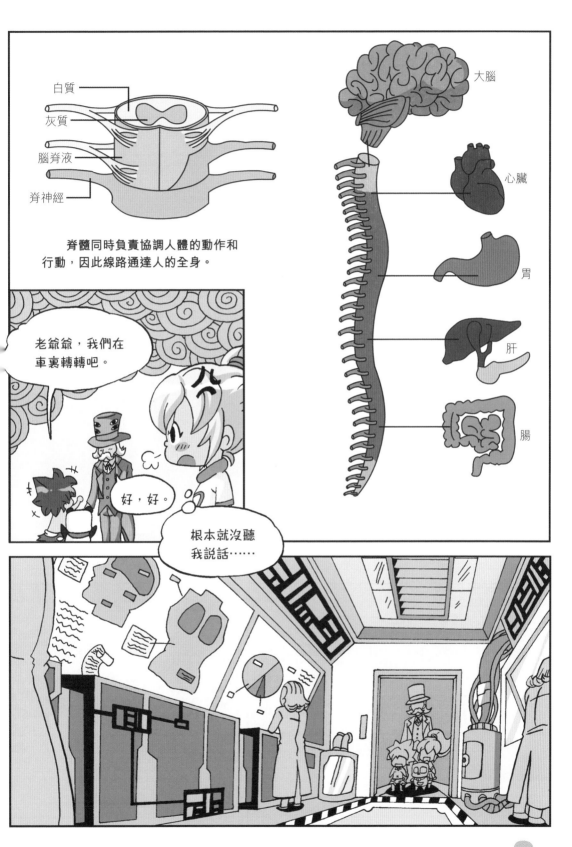

白質

灰質

腦脊液

脊神經

大腦

心臟

胃

肝

腸

脊髓同時負責協調人體的動作和行動，因此線路通達人的全身。

老爺爺，我們在車裏轉轉吧。

好，好。

根本就沒聽我説話……

這是啥？

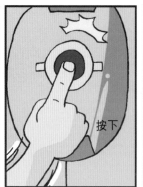

按下

！

嘰！

嘰！

你別亂動人家東西啊，搞壞了怎麼辦？

TT，這隻貓很像黑眼圈啊！

NK

N

嘰！

NK

73

啊，是NK細胞！
它是我們脊髓直
接衍生的病毒剋
星！

NK 細胞又叫自然殺傷細胞，是人體重要的免疫細胞。它直接從骨髓中產生，無須預先接觸抗原即可殺傷病毒挾持的細胞。NK 細胞有三大絕招：

穿孔素，是從 NK 細胞的胞漿顆粒中產生的，能擊穿病毒挾持的細胞，使病毒暴露在外。

NK 細胞毒因子，由 NK 細胞釋放，與靶細胞結合後可殺傷和裂解病毒挾持的細胞。

它還能釋放抗腫瘤活性最強的 TNF 細胞因子，能對病毒挾持的細胞進行滅絕性摧毀。

這不是黑眼圈嗎？

我在這裏……

嘰！

吼！

天哪！衛隊長！

NK 細胞毒因子和 TNF 火燄可以改變
病毒細胞的代謝，裂解病毒細胞，
再厲害的病毒也無處可逃的。

倒計時開始！

5

4

3

2

「細胞大探險」的旅程已經結束，謝謝您的參與，再見。

1

小熊呢？

還在做夢啊，你看，天都黑了。

趕快回家吃飯吧！

神經系統 是如何組成的？

神經系統在人體中有着至關重要的影響和作用。那麼，神經系統是如何組成的？神經系統的內部結構是甚麼？神經系統如何反應？它有甚麼作用？

小貼士：神經系統一旦出現問題，人便會精神失常。

 複雜的神經系統· 神經系統的組成

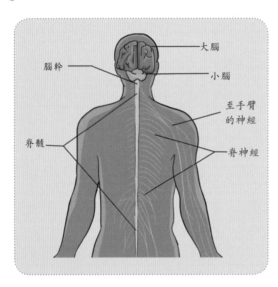

神經系統由神經中樞部份及其外周部份所組成。

神經中樞部份包括腦和脊髓，分別位於顱腔和椎管內，兩者在結構和功能上緊密聯繫，組成中樞神經系統。外周部份包括 12 對腦神經和 31 對脊神經，它們組成外周神經系統。外周神經分佈於全身，把腦和脊髓與全身其他器官聯繫起來，使中樞神經系統既能感受內外環境的變化，又能調節體內各種功能，以保證人體的完整統一及其對環境的適應。

神經系統的內部結構

神經系統的基本結構和功能單位是神經元（神經細胞），它是一種高度特化的細胞，具有感受刺激和傳導興奮的功能。神經元由細胞體和突起兩部份構成。細胞體的中央有細胞核，核的周圍為細胞質，細胞質內除有一般細胞所具有的細胞器外，還含有特有的神經元纖維及尼氏體。每個神經元只發出一條軸突，長短不一。

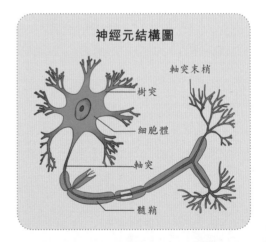

神經元結構圖

軸突末梢

樹突

細胞體

軸突

髓鞘

神經系統如何反應

　　神經系統的功能活動十分複雜，但其基本活動方式是反射。

　　反射是對神經系統內、外環境的刺激所做出的反應。反射活動的形態基礎是反射弧，反射弧中任何一個環節發生障礙，反射活動將減弱或消失。脊髓能完成一些基本的反射活動。

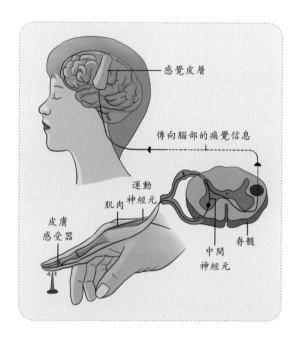

感覺皮層

傳向腦部的痛覺信息

運動神經元

肌肉

皮膚感受器

中間神經元

脊髓

神經系統的作用

　　神經系統是人體內起主導作用的功能調節系統。

　　人體各器官在神經系統的直接或間接調節控制下，成為一個完整統一的有機體。

　　同時，神經系統對體內各種功能不斷進行迅速而完善的調整，使人體適應內、外環境的變化。

　　人類神經系統高度發展，特別是大腦皮層進化成為調節控制人體活動的最高中樞，而且進化成為能進行思維活動的器官。

　　因此，人類不但能適應環境，還能認識和改造環境。

 人為甚麼會得「精神病」？

　　精神病，也叫精神失常，是大腦功能不正常的結果。根據現有的資料，精神病患者腦內的生物化學過程發生了紊亂，有些患者的中樞神經介質多了，有些則是缺少某些中樞神經介質，或是某些體內的新陳代謝產物在腦內聚集過多。

你不是一個人在戰鬥！

大腦、眼睛、鼻子、耳朵、皮膚等，它們賦予我們知覺、視覺、嗅覺、聽覺和觸覺，讓我們感受這個美妙的世界。

我們擁有這些辛勤工作的「勞動者」，但是我們對它們的了解和認識還往往停留在膚淺的表層。

既然如此，那麼，就讓我們進一步去了解和領悟與我們密切相關的朋友們吧！

人體第一層防禦
──皮膚

烈日炎炎

怎麼了？

哎呀！

我忘記塗防曬霜了，臉曬黑了！

皮膚是指身體表面包在肌肉外面的組織，是人體最大的器官。

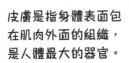

皮膚的外層是表皮層和真皮層，它薄如紙張，卻堅韌無比，是人體抵抗外界傷害的重要防禦武器。

第三層是皮下組織，這層有汗腺和血管分佈。如果這層受損傷，就會出血了。

皮膚由表皮、真皮和皮下組織構成。

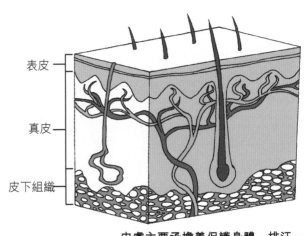

表皮

真皮

皮下組織

皮膚主要承擔着保護身體、排汗、感覺冷熱和抵抗壓力的功能，還能防止水份流失等。

哈哈，金錢豹！

曬黑皮膚的罪魁禍首是紫外線。紫外線刺激皮膚中的黑色素，誘發雀斑等皮膚病變。

我的皮膚被曬傷了。

我找找……

啊，找到了！就是它，蘆薈！

該怎麼辦呀？

蘆薈葉子有倒刺，不要隨便去抓。

啊，好痛！

好玩！TT 你也塗點吧！

我們塗點蘆薈汁液在身上吧！蘆薈的汁液可以保養我們的皮膚，有解毒、消炎、鎮痛的效果。對於你的曬傷，也能起到醫療作用！

清清涼涼的，好舒服啊！

手指尖的盾牌 ——指甲

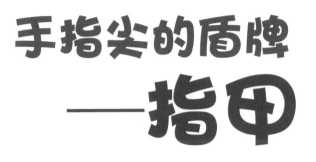

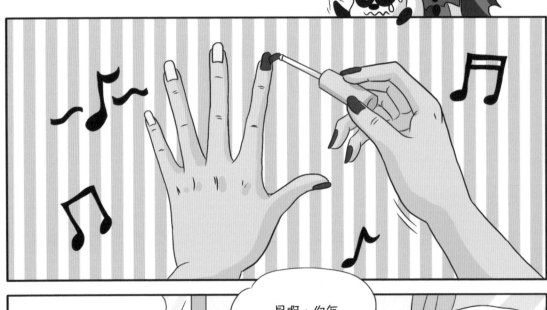

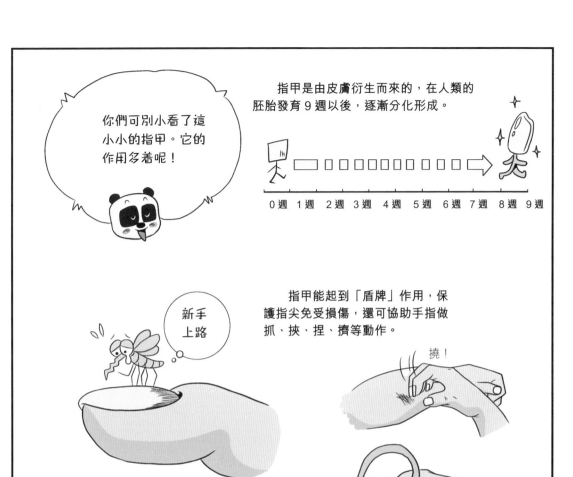

你們可別小看了這小小的指甲。它的作用多着呢!

指甲是由皮膚衍生而來的,在人類的胚胎發育9週以後,逐漸分化形成。

0週 1週 2週 3週 4週 5週 6週 7週 8週 9週

新手上路

指甲能起到「盾牌」作用,保護指尖免受損傷,還可協助手指做抓、挾、捏、擠等動作。

撓!

挌!

指甲表層是角質層,表面有一層像牙齒表層釉質一樣的物質,能保護角質層不被腐蝕。

TT 指甲上鼓起數條綾狀的橫道,這說明身體出現了異常,一般患有神經系統衰弱等疾病。

指甲與人體的臟腑、經絡有直接聯繫,能夠充份地反映人體生理、病理變化。

這幾天我看偶像劇,晚上睡得比較晚。

而你，十個指甲的甲半月完整，表示你的身體非常健康。

甚麼？

假半月，月亮還有假的嗎？

甲半月就是指甲根部發白的半月形。

當人體血液循環供應正常，營養充足的手指會不斷長出新指甲。

美甲時需要把指甲表層的保護釉質銼掉。

發黃

發黑

指甲失去保護層後，會引起指甲折斷，顏色發黃或發黑。

那我以後不塗指甲油了。

人體的司令部 ——大腦

傳球！
傳球！

足球場
入口

射門！

嗡……

咚！

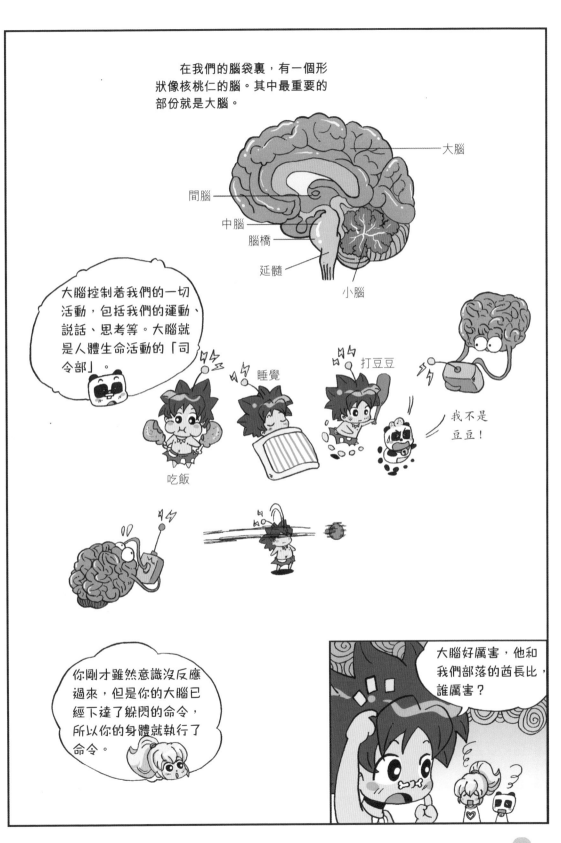

大腦的功能分區

記憶區

大腦裏的神經細胞突觸主要負責存儲記憶，記憶區還充當轉換站的功能。當大腦皮質中的神經元接收到各種信息時，它們會把信息及時傳遞給記憶區。

運動區

大腦運動區與軀體運動有密切關係，如跑步、站立等都是通過運動中樞來控制的。大腦一側運動皮質支配另一側軀體肌肉的活動。

想像區

右腦是主導人想像力和創造力的大腦半球。在小朋友大腦發育最快的時候，如果進行一定的右腦潛能開發訓練，右腦能力將會得到極大的提升。

語言運用區

語言運用區是人類大腦皮質所特有的，多在左側。語言能力需要大腦皮質有關區域的協調、配合才能完成。

觸覺區

當人體皮膚上的神經細胞，受到來自外界的溫度、濕度、疼痛、壓力、振動等刺激時，就會產生觸覺。

大腦

視覺區

光作用於視覺器官，使其感受細胞產生反應，其信息經視覺神經系統加工後便產生視覺。通過視覺，人能感知物體的大小、明暗、顏色、動靜。

聽覺區

當聲波作用於聽覺器官，其感受細胞處於興奮狀態，從而引起聽神經的衝動。然後，信息開始傳入大腦，經各級聽覺中樞分析後就產生了聽覺。

大腦的分區

味覺區

當我們吃東西時，可以通過味蕾感受到口中食物的各種滋味，如酸、甜、苦、辣、鹹，等等。

分子探測器
——鼻子

你的舌頭可真厲害，我都沒吃出來。

咦，這個肉怎麼有海鮮味，是不是放了蝦皮？

這個可不是舌頭厲害，應該是鼻子厲害哦。

我用嘴吃菜，和鼻子有甚麼關係呢？

鼻子是呼吸兼嗅覺器官,屬於高度分化的感受化學刺激的器官。我們以為來自味覺的感覺,其實有90%是來自嗅覺。

90%

10%

舌頭只能偵測出四種基本味覺:酸、甜、苦和鹹,味覺的細微變化是由鼻子來負責的,所以味道基本上是靠鼻子來「嚐」。

嗯,味道是辣的。

啊,你不說,我還真沒這麼想過。

這是鼻子感覺到的⋯⋯

在我們呼吸的空氣中,充滿了含有氣味的分子,這些分子刺激鼻腔內的嗅覺細胞,產生神經衝動,神經衝動沿嗅覺神經傳遞到大腦,我們就能聞到氣味了。

飄浮在空氣中的氣味分子在鼻腔內穿越而上，溶解為黏液，一直上升到嗅球。

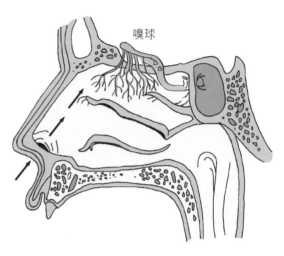

嗅球

嗅球的嗅覺細胞樹突末端長有嗅覺纖毛。纖毛接收到氣味分子，就通過嗅覺神經傳到大腦。

不同的氣味分子通過鼻子來被人類感知。

辣　臭　腥　香

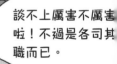

好厲害的鼻子啊，比舌頭厲害多了。

談不上厲害不厲害啦！不過是各司其職而已。

活的照相機——眼睛

多麼美麗的風景啊，可惜我沒帶相機。

人的眼睛就是最精密的照相機。

眼睛？眼睛怎麼照相啊？

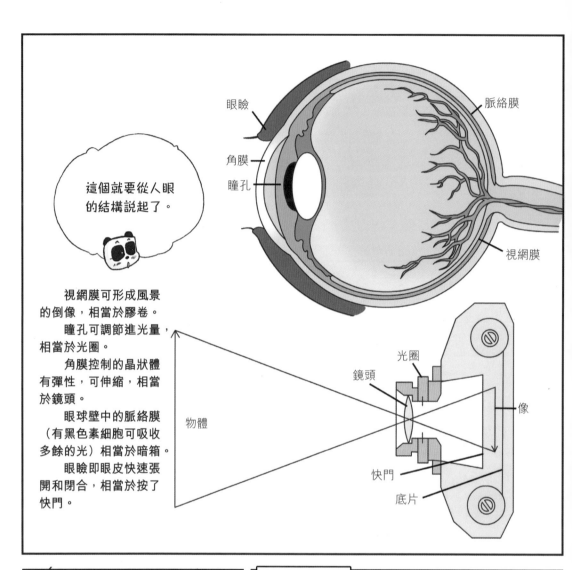

這個就要從人眼的結構說起了。

眼瞼

角膜

瞳孔

脈絡膜

視網膜

光圈

鏡頭

像

快門

底片

物體

視網膜可形成風景的倒像，相當於膠卷。

瞳孔可調節進光量，相當於光圈。

角膜控制的晶狀體有彈性，可伸縮，相當於鏡頭。

眼球壁中的脈絡膜（有黑色素細胞可吸收多餘的光）相當於暗箱。

眼瞼即眼皮快速張開和閉合，相當於按了快門。

看東西就是照相嗎？那我也來照！唔——

3分鐘後……

眼睛好疼呀！

相機鏡頭需要保養，眼角膜也一樣。

她不是在和你打招呼！

眨眼

人在毫無知覺的情況下，眼皮會不時眨動。

每次眨眼，眼淚會在眼角膜的表面蒙上一層薄薄的淚膜，來保護「鏡頭」。

如果眨眼頻率明顯減少，眼球會很乾燥，眼睛開合時便容易擦傷。

如果長時間近距離看事物，眼球中睫狀肌會失去彈性，導致晶狀體不能復原，使視力下降。

我們一定要避免用眼過度，讓眼睛得到充份休息。

五官各有甚麼用途？

　　五官是人體非常重要和常見的感覺器官，那麼，五官具體指甚麼？五官各有甚麼特點和作用？

　　小貼士：五官各有特點，共同發揮作用，缺一不可。

 人體的五官・　甚麼是五官

　　日常生活中，我們常常聽人說起「五官」，可是，小朋友，「五官」究竟是指甚麼呢？一般來說，「五官」就是指人體的五個器官。

　　具體來說，就是：耳朵、眼睛、鼻子、嘴巴和舌頭。

耳朵

　　耳朵位於眼睛後面，它主要是用來聽聲音的。耳朵最外面的耳廓主要是用來聚集聲音的，它將聲波集中在我們的耳朵裏，這樣，我們就會聽得更加清晰。當我們把耳朵摀住的時候，聲音就會變得很小。如果聲音過大，超過了聽覺的承受能力，就會造成耳聾，喪失聽力。

眼睛

　　眼睛是一個可以感知光線的器官。最簡單的眼睛結構，可以探測周圍環境的明暗，更複雜的眼睛結構可以提供視覺。眼睛是人類感官

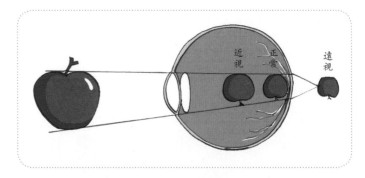

中最重要的器官，大腦中大約有 80% 的知識都是通過眼睛獲取的。如果不注意勞逸結合，用眼過度的話，人就會得近視眼或者遠視眼。

鼻子

　　鼻子位於頭部，有兩個孔，是最重要的嗅覺器官，可以分辨生活中的香味和刺鼻的氣味。

　　鼻子也是呼吸道的起始部份，能夠呼吸和淨化吸入的空氣。鼻孔裏長有許多鼻毛，用鼻子呼吸，鼻毛能夠擋住空氣中許多灰塵。

　　此外，鼻子還可輔助發音。當你將鼻子捏住的時候，説話聲音就會變得粗重和沉悶。

鼻子對香味很有好感

鼻子對臭味特別排斥

嘴巴

　　嘴巴位於面部的正下方，呈圓弧狀，是吞嚥和説話的重要器官之一。同時，嘴巴也是臉部運動範圍最大、最富有表情變化的部位。嘴巴分為上唇和下唇，閉在一起時只有一條橫縫，即口裂。口裂的兩頭叫口角。

喊話

吃飯

舌頭

　　人類的舌頭從口咽到尖端的平均長度為 10 厘米。

　　舌邊前部對鹹敏感，舌邊後部對酸敏感，舌根對苦的感受性最強，舌尖對甜敏感。

 保護眼睛小竅門

　　第一，多吃黃綠色食物，如紅蘿蔔、粟米、番茄、奇異果等；第二，打乒乓球、多轉動眼睛；第三，用眼超過 40 分鐘，要至少休息 10 分鐘。

聲音的締造者
——聲帶

啦——啦——
啦——

我也要唱歌，
啊——喔——

別唱了，會把狼招來的！

小野人，你怎麼能發出這麼大的聲音啊？

很難聽嗎？

我從小在山裏，都是這麼唱的。

不是難聽，是恐怖……

我們唱歌是通過聲帶發聲的。

在不發聲、完全不用力的狀態下，聲帶微微張開，構成一個聲門。

當人發聲的時候，氣流通過聲門，兩片聲帶就會自然閉合起來，同時根據閉合的程度發出原始聲音。

唱歌的時候，原始聲音通過咽壁反射到鼻腔等共鳴腔，經過共鳴腔的作用，最終形成歌聲。

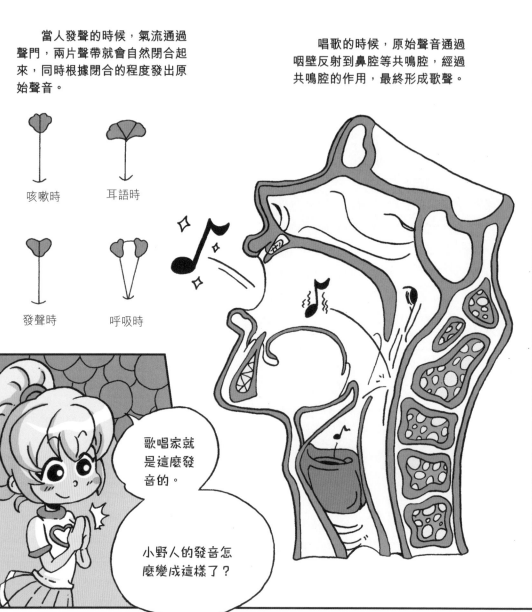

咳嗽時　　　耳語時

發聲時　　　呼吸時

歌唱家就是這麼發音的。

小野人的發音怎麼變成這樣了？

我唱得真的很難聽嗎？

一個人的聲音粗細、大小和聲音質感，是由三個方面決定的。

聲帶粗細長短。

粗

細

咽喉反射力度。

啊——
啊——

嗡——
嗡——

共鳴腔體的大小。

小野人的先天條件、後天訓練都不如男高音歌唱家,唱歌的效果當然會大不一樣啊!

這樣啊,那讓我再練練。

啊——哦——

是甚麼聲音呀?真可怕……

我們為甚麼能發音？

人能夠說話和唱歌，這和人的發音器官有關。那麼，人體有哪些發音器官？各個發音器官有甚麼作用？說話和唱歌的發音有甚麼區別？

小貼士： 人之所以能發聲，是多個發音器官共同作用的結果。

發音器官· 甚麼是發音器官

我們日常和人說話，或者去音樂廳聽人唱歌，都需要通過發音來實現。人之所以能夠發音，就是因為人有發音器官。

一般來說，人體的發音器官主要有三大部份：動力區（肺、橫膈膜、氣管）、聲源區（聲帶）和調音區（口腔、鼻腔、咽腔）。

動力區——肺、橫膈膜、氣管

肺是呼吸氣流的活動風扇，呼吸的氣流是語音的動力。肺部呼出的氣流，通過支氣管器官到達喉頭，作用於聲帶、咽腔、口腔、鼻腔等發音器官。

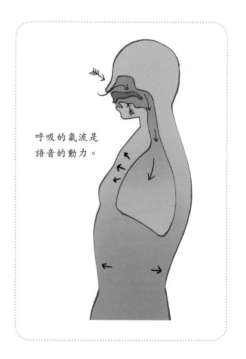

呼吸的氣流是語音的動力。

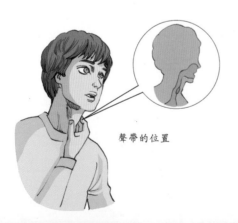

聲帶的位置

聲源區——聲帶

聲帶位於喉頭的中間，是兩片富有彈性的帶狀薄膜。兩片聲帶之間的空隙叫聲門，肌肉的收縮，杓狀軟骨活動起來可使聲帶放鬆或收緊，使聲門打開或關閉，肺中的氣流通過聲門使聲帶振動發出聲音，控制聲帶鬆緊的變化可以發出高低不同的聲音來。

調音區——口腔、鼻腔、咽腔

　　口腔、鼻腔和咽腔是人體發音器官的共鳴腔體。歌唱時，奮力打開喉嚨，如同汽車鳴笛，最大限度地發揮共鳴腔的功能，起到「擴音器」的效果。打開喉嚨的要點是使喉、口、鼻等整個咽腔形成一個適合發聲共鳴的管道，這個管道叫作「共鳴管」，決定着歌唱音量的大小、音色的好壞、音域的寬窄。

如何保護我們的聲帶？

　　為了保護好聲帶，建議注意以下幾點：加強體育鍛煉，增強體質，提高對上呼吸道感染的抵抗能力；少吃刺激性食物，避免用嗓過度；加強勞動保護，對生產過程中的有害氣體和粉塵須妥善處理；教師、文藝工作者須注意正確的發聲方法，感冒期間尤其要注意，且不可發聲過度。

説話和歌唱時發音有甚麼不同？

　　唱歌時的發音，和我們平常説話時的發音是不同的。平常説話發音只是簡單地將聲帶拉緊，而唱歌的時候則需要使聲帶發揮到極限。然而，想要聲帶發揮到極限，就必須要用加大氣流的辦法，使聲帶產生劇烈震動。

聲帶長度對比圖

歌唱家：24～25mm　　　　兒童：6～8mm　　　　成人：14～24mm

天生麥克風
——耳朵

怎麼了？

這是甚麼東西？

啪！

這是耳機，用來聽音樂。

好神奇！

入耳式的？這可不好哦！

入耳式聽得更清楚，怎麼説它不好呢？

哇！

我們耳朵裏面本來就有個麥克風了，你再把耳機湊上去，很容易破壞聽力的。

麥克風？在哪兒？拿出來我瞧瞧！

人的耳朵由外耳、中耳、內耳三部份組成。聲音通過外耳的耳道，到達鼓膜的時候會放大到 20 倍。經放大的聲音震動鼓膜，並通過中耳內一系列連接的聽小骨到達耳蝸，被耳蝸液傳到耳蝸裏的基底膜，最終導致基底膜波動。

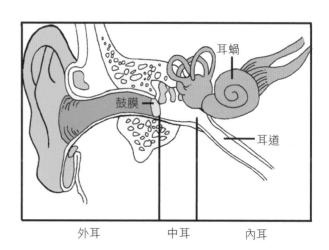

外耳　　　　中耳　　　　內耳

基底膜長得像一大排並排排列的從長到短的毛刷。聲波能量能使這些「刷毛」發生彎曲或偏轉，產生電能傳向神經中樞，最終產生聽覺。

入耳式耳機重複了外耳的功能，直接把放大的聲音傳到了外耳。外耳將聲音再次放大之後，耳蝸的壓力過大，將會受到損傷！

哇！

以後還用耳機嗎？

以後再也不用了……

只要少用就好了……

破解心靈密碼

　　我們能夠用肉眼看到人體，但卻無法看到人的心理活動。那麼，心理活動有哪些奧秘呢？

　　我們為甚麼會從眾？我們為甚麼需要他人的鼓勵和讚賞？乘電梯時，人為甚麼習慣向上看？

　　這其中隱含着哪些有趣的心理學知識？當了解這些實用的心理學常識後，你的心理會更健康，你會變得更聰明和睿智。

甚麼是從眾心理？

TT 老師，那閃電跟電有甚麼不同啊？

你不會動腦筋啊？總是問，問，問！

我來回答你，它們當然有區別啦！閃電是不要收電費的嘛！哈哈！

閃電是電的一種，但閃電是自然形成的放電現象，是短暫不可控的，而我們生活中的電是可控的能源。

心臟 有甚麼作用？

只有心臟不停跳動，人才能正常生活。那麼，心臟的位置在哪裏？心臟有甚麼結構？心臟的跳動次數是多少？心臟有甚麼作用？

小貼士：通常情況下，我們感覺不到自己心臟的跳動。

 人的心臟· 心臟的位置

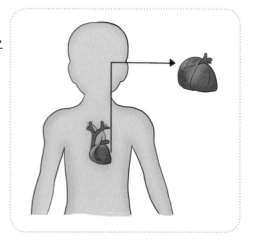

心臟位於胸腔內，膈肌的上方，兩肺之間，約三分之二在中線左側。心臟如一個倒置的，前後略扁的圓錐體，像一個桃子。心尖鈍圓，朝向左前下方，與胸前壁鄰近，在此處可以看到或摸到心尖搏動。

心底較寬，有大血管由此出入，朝向右邊後上方，與食管等器官相鄰。

心臟的結構

心臟是一中空的肌性器官，內有四腔：後上部為左心房、右心房，二者之間有房間隔分隔；前下部為左心室、右心室，二者以室間隔分隔。正常情況下，因房間隔、室間隔的分隔，左半心與右半心不直接交通，但每個心房可經房室口通向同側心室。與其他動物的心臟相比，人類的心臟相對複雜一些。

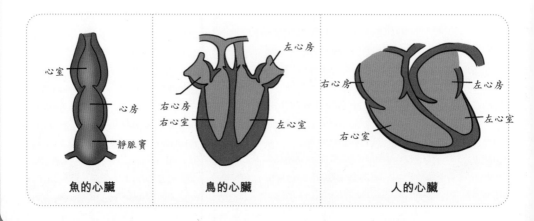

魚的心臟　　　　　鳥的心臟　　　　　人的心臟

在生命過程中，心臟始終不停地跳動着，而且很有規律。「心跳」實際上就是心臟有節奏的收縮和舒張。一般成年人每分鐘心跳 60 ～ 80 次，平均為 75 次。兒童的心率比較快，9 個月以內的嬰兒，正常心律每分鐘可達 140 次左右。心臟一次收縮和舒張，稱為一個心動週期。它包括心房收縮、心房舒張、心室收縮和心室舒張四個過程。

心臟也會得病嗎？

心臟也會得病，其症狀主要包括：某種類型的胸痛、氣促、乏力、心悸（常提示心跳減慢、增快或不規則）、頭暈目眩、暈厥等。

然而，出現這些症狀並非必然存在心臟病。例如，胸痛可能提示心臟病，但也可能發生呼吸系統疾病和胃腸道疾病。

心臟的作用

心臟的作用是推動血液流動，向器官、組織提供充足的血流量，以供應氧和各種營養物質，並帶走代謝的終產物（如二氧化碳、尿素和尿酸等），使細胞維持正常的代謝和功能。體內各種內分泌的激素和一些其他體液因素，也要通過血液循環將它們運送到細胞，實現機體的體液調節，維持機體內環境的相對恆定。

組成心臟的心肌有節律地收縮和舒張形成心臟的搏動。心肌收縮時，推動血液進入動脈，流向全身；心肌舒張時，血液由靜脈流回心臟。所以，心臟的搏動推動着血液的流動，是血液運輸的動力器官。

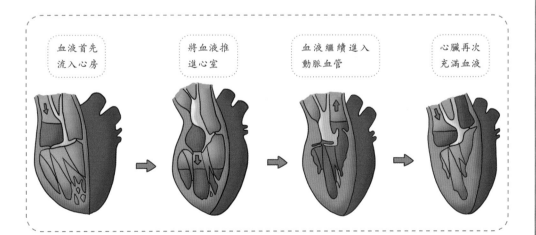

血液首先流入心房

將血液推進心室

血液繼續進入動脈血管

心臟再次充滿血液

好玩的 心理暗示

119

歌唱比賽中……

啊？不可能啊？

小野人唱歌怎麼突然變好聽了？

看來，額外的關注加上心理暗示，真的使醜小鴨成了白天鵝啊！

咳咳！我是未來的歌星，這種家務事怎麼能讓我幹呢？

內心千萬不能懶散

咦，這些沙甸魚怎麼奄奄一息的？

這是沙甸魚的特性，喜歡群集，不好動，容易擠在一起缺氧致死。

鯰魚在陌生的環境中會到處游動，為了防止被鯰魚吃掉，沙甸魚必須快速躲避，沙甸魚缺氧的問題也就由此迎刃而解了。這就是着名的「鯰魚效應」。

這樣啊，那我要去有鯊魚的地方游泳！

笨，有鯊魚效應啊，鯊魚能讓我游得更快！

為甚麼？

你會消失得更快！

大腦 有多聰明？

　　大腦是人體的關鍵部位，被稱為指揮人體的「司令部」。那麼，大腦的重量是多少？大腦有甚麼功能？大腦有甚麼潛能？大腦的優勢是甚麼？

小貼士：一個人聰不聰明，與他大腦的智商有直接的關係。

 人的大腦· 大腦的重量

　　大腦約由 140 億個細胞構成，重約 1,400 克，大腦皮層厚度為 2～3 毫米。據估計，腦細胞每天要死亡約 10 萬個（越不用腦，腦細胞死亡越多）。一個人的腦儲存信息的容量相當於 1 萬個藏書為 1,000 萬冊的圖書館。腦消耗的能量若用電功率表示，大約相當於 25 瓦。因為大腦 80% 是水，所以它像豆腐。但它不是方的，而是圓的，不是白的，而是淡粉色的。

大腦約重 1,400 克

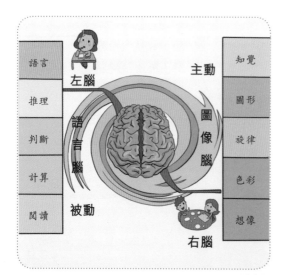

大腦的功能

　　大腦主要包括左、右大腦半球，是中樞神經系統的最高級部份。人類的大腦是在長期進化過程中發展起來的思維和意識的器官。大腦裏面有很多分區，不同的分區負責不同的功能。左腦比右腦理智，不易失控。但是右腦比左腦情緒豐富。右腦的知覺中心，能感受自身看到、聽到的身外事物。

大腦的潛能

大腦是人體中最為精密複雜的器官，人類的一切行為、思考，都由它所支配。然而只有在一些特定情況下，如生命危急，親人遇險時，大腦灰質層和白質層瞬間加倍運轉，人類的潛能由此被激活！

在生活中，有時候，一個人能夠擁有超人的速度和彈跳力。正是因為大腦的潛能，人們才可以做出平時根本做不到的事情！

智商為甚麼時高時低？

智商是智力商數的簡稱。人在高興的時候智商會提高，人在悲傷、恐懼、鬱悶、緊張的時候智商會下降。人在不同時間段的智商也是不一樣的。

大腦的優勢

人腦的每個腦細胞可生長出2萬個樹枝狀的樹突，用來計算信息。人腦「計算機」遠遠超過世界最強大的計算機。人腦可儲存50億本書的信息，相當於世界上藏書最多的美國國會圖書館（1000萬冊）的500倍。當人腦處於激活狀態時，每天可以記住四本書的全部內容。

處於激活狀態下的人腦，每天可以記住四本書的全部內容。

為甚麼有時候手感不好？

啪嗒

不玩了！

哇！梅菲定律！

有梅菲定律保佑，我以後投球蒙着眼睛好了，哈哈！

那我要離他遠一點，不然他會把我當球扔出去！

心理學上把這種預料之中的事沒有發生，而預料之外的事卻發生了的狀況叫梅菲定律。

酸葡萄心理

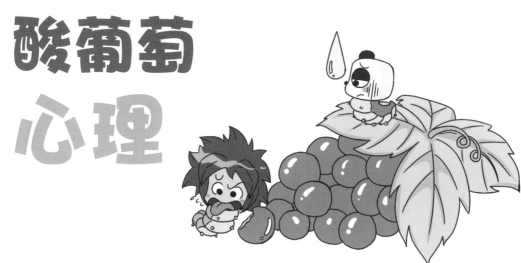

看我的！

啊！

有辦法了。

咱們來疊羅漢，我來托着你。

熊貓，還差一些，你踮起腳尖。

哎喲！

我看，這葡萄一定很酸，我現在一點胃口都沒有了。

嗯嗯，我也這麼覺得。

哈哈，吃不着葡萄，就說葡萄酸，典型的酸葡萄心理！

酸葡萄還有
心理？

是你們的
心理啦！

你追求目標受到阻礙無法實現時，就貶低原有目標來沖淡內心的慾望，減輕焦慮的情緒，這種心理就叫作「酸葡萄心理」。這是人類心理防衛功能的一種。

就是自我安慰。

嗯！適當的酸葡萄心理可以讓人從不滿、不安等消極心理狀態中解脫出來，保護自己免受傷害。

我要吃葡萄。

現在的葡萄就不酸啦？

吃得到就是甜的！

真能吃！

哈哈！哪裏是甚麼第七個包子不好吃啊？純粹是你的心理作用。

對，是邊際效應遞減規律在起作用。

這個包子不好吃，幸好我飽了。

當你肚子餓時，吃第一個包子感覺最好，第二個感覺不如第一個。隨着數量的增多，包子給你帶來的滿足感逐漸變小。

嗯，好像真的是這樣！

邊際效應遞減規律是經濟學的基本規律之一。

其含義是人們從某種商品獲得的滿足程度，會隨着對這種商品擁有量的增加而減少。

比如，當黑眼圈一粒爆谷都沒有的時候，你給他一粒，他就會非常開心。

這粒爆谷簡直就是黑暗中的太陽！

看，爆谷沒有變，但當他有一桶爆谷時，這粒爆谷對他來說就無所謂了。

那以後少給他一些爆谷，他就會很滿足啦！

休想！一粒也別想少！

有趣的 色彩心理學

小野人，我燒的菜難道不好吃嗎？

好吃也不能天天吃，咱們換個地方吃！

吃了三天 TT 做的飯，現在一點胃口都沒有！

這個快餐店好神奇啊！小野人一進來就想吃東西了！

我突然想吃東西了！

這是色彩心理學在起作用啦！就餐環境和食物的色彩，會直接影響人們的情緒和食慾呢！

我知道橙色能讓人感到興奮，原來也能刺激人的食慾啊。

像橙色這樣明快的顏色常常與快樂聯繫在一起，不僅能給人溫馨感，還能提高進餐者的興致。所以大部份的快餐店都是鮮艷明亮的顏色。

你們甚麼時候點餐？

肚子餓！

這位先生已經開始啃我們的蠟燭了！

要顏色鮮艷的！
甚麼都行！

哇！

啊嗚！啊嗚！
好吃好吃！

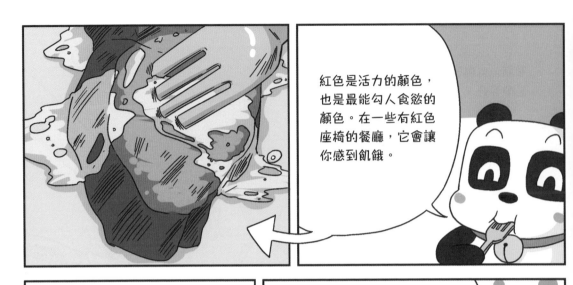

紅色是活力的顏色，也是最能勾人食慾的顏色。在一些有紅色座椅的餐廳，它會讓你感到飢餓。

黃色也是刺激食慾的顏色，而綠色讓人覺得很健康，可以放心地吃。

啊！我知道了！難怪前幾天給他做紫甘藍他都不吃，因為紫色讓人覺得壓抑，沒有食慾。

嗯！紫色、黑色，特別是藍色，都是讓人覺得沒有胃口的顏色。

你們倆説了半天了，都不吃嗎？

哇哇！你居然把我的也吃光了！

搬走心底的 石頭

今天我們做一個遊戲。你們去撿石頭，心裏想到一個討厭的人就撿一塊石頭裝進袋子，然後帶回來。

好啊！

不一會兒……

太沉了！

走不動了，我們不撿了。

累死我了！

嘿嘿，那些你討厭的人就像這些石頭一樣噢！心中討厭的人越多，負擔越重噢！

他們和石頭怎麼能一樣呢？

笨！因為心中的恨會像石頭一樣壓在人們心上。討厭的人越多，計較的事情就越多，就會越不開心。

沒錯！怨恨是把雙刃劍，怨恨別人時，自己的心理也同樣會受到傷害。

嗯！是這樣的，我一想到討厭的人，就很不開心！

143

這是心理在作怪

哦？上面有甚麼東西？

為甚麼大家都看着樓層顯示數啊？

因為它有魔力唄。

不要欺騙小野人單純的心靈！

這是人們的心理作用！乘電梯時往上看，與我們的私人空間有關。

嗯。一旦有陌生人闖入我們周圍的私人空間，我們就會感覺不舒服、不自在。

電梯空間狹小，陌生人之間的近距離接觸，人人都感到對方侵入了自己的私人空間，想盡快離開，向上看正是想盡快「逃離」的心理表現。

嗯！嗯！我會覺得很緊張。

逃 逃 逃

當我們急於離開這個狹小的空間時，不停變換的數字能讓我們感覺到電梯在移動。

這讓我們感覺到自己是在向「解放」前進，從而可以緩解焦慮的心理。

9、10、J、Q、K……

喂，你在數撲克牌嗎？

人體是 如何生長發育的？

　　人降生到這個世界上，都要經歷生長發育的過程。那麼，甚麼是生長發育？生長發育的過程有哪些？發育遲緩是怎麼回事？影響生長發育的因素是甚麼？

小貼士：充足和調配合理的營養，是小兒生長發育的物質基礎。

 人體的發育· 甚麼是生長發育

　　生長發育，是人從受精卵到成人的成熟過程。小兒生長發育雖然是有一定規律的，但是在一定範圍內受到多種因素的影響，存在相當大的個體差異。所謂正常值也不是絕對的，考慮個體不同的影響因素，才能較正確地判斷是正常還是異常。同時還要進行系統的連續觀察，才能了解小孩兒生長發育的真實情況。

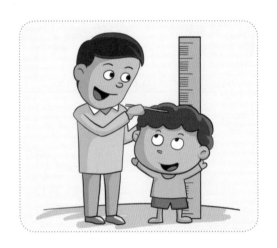

生長發育的過程

　　在人的一生中，身體生長迅速、各部份比例產生顯著變化的階段有兩個：一個是在產前期與出生後的最初半年，另一個則是青春期。

　　青春期的快速生長發育，被稱為青春期急速成長現象。男性的急速成長從10.5 至 14.5 歲開始，在 14.5 至 15.5 歲達到頂峰期，到 20 歲左右達到充份發育水平。女性比男性早 1 至 2 年，約 18 歲達到充份發育水平。

4 歲　　　　9 歲　　　　14 歲　　　　18 歲

發育遲緩是怎麼回事？

　　發育遲緩是指在生長發育過程中，出現速度放慢或是順序異常等現象，發病率為 6% ～ 8%。

　　具體來說，發育遲緩是指兒童 6 歲之前因各種原因（如生理疾病、心理疾病、社會環境因素等）所導致的在認知發展、生理發展、語言及溝通發展、心理社會等發展或生活自理方面，出現發育落後或異常。

環境污染危害身體發育

　　經社會調查顯示，兒童 80% 的時間生活在室內，室內空氣污染可引起兒童患哮喘病、皮膚過敏、肥胖症、白血病等。有些有毒氣體超標（如一氧化碳）還會損傷兒童的神經細胞，導致兒童智力降低。

　　此外，鉛中毒也會影響青少年的生長發育和成熟程度，而鎘中毒則會在一定程度上影響兒童骨骼的生長發育。

影響生長發育的因素

　　個體生長發育的特徵、潛力、趨向、限度等都受父母雙方遺傳因素的影響。遺傳是指子代和親代之間，在形態結構以及生理功能上的相似性。種族、家族的遺傳信息影響深遠，如皮膚、頭髮的顏色、面部特徵、身材高矮等。遺傳疾病無論是染色體畸變還是代謝缺陷，對生長發育均有顯著影響。

黑人的後代皮膚是黑色的

白人的後代皮膚是白色的

書　　名	科學超有趣：人體
編　　繪	洋洋兔
責任編輯	郭坤輝
封面設計	郭志民
出　　版	小天地出版社（天地圖書附屬公司）
	香港黃竹坑道46號
	新興工業大廈11樓（總寫字樓）
	電話：2528 3671　傳真：2865 2609
	香港灣仔莊士敦道30號地庫（門市部）
	電話：2865 0708　傳真：2861 1541
印　　刷	亨泰印刷有限公司
	柴灣利眾街德景工業大廈10字樓
	電話：2896 3687　傳真：2558 1902
發　　行	聯合新零售（香港）有限公司
	香港新界荃灣德士古道220-248號荃灣工業中心16樓
	電話：2150 2100　傳真：2407 3062
出版日期	2020年7月初版 · 香港
	2023年11月第二版 · 香港